Bibliografische Information der Deutschen Nationalbibliothek:

Die Deutsche Bibliothek verzeichnet diese Publikation in der Deutschen National-
bibliografie; detaillierte bibliografische Daten sind im Internet über http://dnb.d-
nb.de/ abrufbar.

Impressum:

Copyright © 2016 GRIN Verlag
Druck und Bindung: Books on Demand GmbH, Norderstedt Germany
ISBN: 9783668791046

Dieses Buch bei GRIN:

https://www.grin.com/document/416112

Aaron Berman

Zur Hilbert-Funktion

GRIN Verlag

GRIN - Your knowledge has value

Der GRIN Verlag publiziert seit 1998 wissenschaftliche Arbeiten von Studenten, Hochschullehrern und anderen Akademikern als eBook und gedrucktes Buch. Die Verlagswebsite www.grin.com ist die ideale Plattform zur Veröffentlichung von Hausarbeiten, Abschlussarbeiten, wissenschaftlichen Aufsätzen, Dissertationen und Fachbüchern.

Besuchen Sie uns im Internet:

http://www.grin.com/

http://www.facebook.com/grincom

http://www.twitter.com/grin_com

'Die Hilbert Funktion'

Bachelorarbeit
Fachbereich 12
Institut für Mathematik
Studiengang B.Sc Mathematik
der
Goethe-Universität Frankfurt am Main

Aaron Berman

Abgabedatum: 05. September 2016

Bachelorarbeit zur Hilbert-Funktion von Aaron Berman

Inhaltsverzeichnis

1 Einleitung   **2**

2 Grundlegende Begriffe   **3**
2.1 Graduierte Algebra, Hilbert-Funktion 3
2.2 Hilbert-Serie und Hilbert-Polynom 7

3 Hilbertpolynom und (projektive) Varietäten   **13**
3.1 Grad und Dimension einer projektiven Varietät 13
3.2 Satz von Bezout 17
3.3 Hilbertfunktion nulldimensionaler Varietäten 20

4 Wachstumsverhalten der Hilbert-Funktion und geometrische Konsequenzen für Punktmengen   **23**
4.1 Theorem von Macaulay und O-Folgen 23
4.2 Zurück zu nulldimensionalen Varietäten: Ansatz I 28
4.3 Ansatz II 30

5 Literaturverzeichnis, Quellen   **35**

1 Einleitung

Die vorliegende Bachelorarbeit in der kommutativen Algebra dreht sich um die Hilbert-Funktion. Die Hilbert-Funktion, zumindest so weit, wie ich sie hier behandeln werde, misst die Vektorraumdimension der verschiedenen Stückchen graduierter Moduln. Dabei stellte bereits Hilbert beeindruckenderweise fest, dass diese Funktion von polynomiellem Typ ist, also dass für groß genuge Argumente, diese Hilbert-Funktion mit einem Polynom übereinstimmt.

Die Hilbert-Funktion hat dabei eine Großzahl an Anwendungen und Verstrickungen mit Fragestellungen der kommutativen Algebra und ich stellte bei der Bearbeitung des Themas schnell fest, dass eine Einschränkung notwendig sein würde und ich selbst in diesem eingeschränkten Teilbereich zu großen Teilen nur einen Geschmack der Möglichkeiten der Hilbert-Funktion vermitteln können würde.

Anstatt etwa auf die kombinatorischen Anwendungen auf Simplizialkomplexen oder die leichte Berechnbarkeit durch Gröbner Basen einzugehen, die beide bestimmt auch wesentlich für ihre Attraktivität sind, entschied ich mich zur Beschäftigung mit geometrischen Fragen.

Diese drehen sich hauptsächlich um Varietäten im projektiven Raum, welcher ja bekanntlich wie folgt definiert werden kann:

Definition 1.1. Sei K ein algebraisch-abgeschlossener Körper und definiere auf $K^{n+1} \setminus \{0\}$ folgende Äquivalenzrelation:

$$x \sim y :\Leftrightarrow \exists \lambda \in K \setminus \{0\} : x = \lambda y$$

Insbesondere erzwingt dies zur Beschäftigung mit projektiven Varietäten den Übergang zu homogenen Polynomen, für die gilt:

$$f(p) = 0 \Rightarrow f(\lambda p) = 0$$

Dabei ist meine Arbeit wie folgt strukturiert. Zunächst werde ich auf den Begriff der standard graduierten Algebra eingehen.

Auf dieser werde ich die Hilbert-Funktion definieren, aus der ich die Hilbert-Serie und dann das Hilbert-Polynom entwickeln werde. Dabei werde ich auf verschiedene Eigenschaften eingehen.

Anschließend schiebe ich meinen Fokus auf projektive Varietäten. Hier ermöglicht das Hilbert-Polynom eine saubere Definition von Grad und Dimension und einen schlanken Beweis von Bezouts Theorem.

Abschließend im Kapitel werde ich meinen Fokus auf nulldimensionale Varietäten, also Punktmengen, richten.

Dabei werde ich der Frage nachgehen, ob bestimmten Teilmengen dieser Punkte geometrische Strukturen zugrunde liegen.

Hierzu bedarf es zunächst Macaulays Ansatz zur Klassifizierung des Wachstums der Hilbert-Funktion. Von diesem ausgehend werde ich dann abschließend zwei Ansätze vorstellen, welche Aussagen über den Punkten zugrunde liegende Strukturen ermöglichen.

In vorliegender Arbeit sei k immer ein algebraisch abgeschlossener Körper, und alle Ringe seien kommutativ mit Einselement. Per Konvention habe das Nullpolynom Grad -1.

An dieser Stelle möchte ich mich noch herzlich für die (finanzielle) Förderung durch die Gerhard C.Starck Stiftung, sowie durch das Ernst Ludwig Ehrlich Studienwerk bedanken, welche mir ein finanziell unbeschwertes Studieren ermöglichten.

2 Grundlegende Begriffe

2.1 Graduierte Algebra, Hilbert-Funktion

Definition 2.1. Ein Ring R (kommutativ und mit Einselement) nennen wir **graduiert** (oder genauer $\mathbb{N}$-*graduiert*), falls eine Familie von Untergruppen $(R_n)_{n \in \mathbb{N}}$ existiert, so dass

$$R = \oplus_{n \in \mathbb{N}} R_n$$

als abelsche Gruppen und für $r_i \in R_i$ und $r_j \in R_j$ ist $r_i \cdot r_j \in R_{i+j}$. Analog nennen wir ein Modul M über einem graduierten Ring R *graduiert*, falls

$$M = \oplus_{n \in \mathbb{N}} M_i$$

und für $r_i \in R_i$ und $m_j \in M_j$ ist $r_i \cdot m_j \in M_{i+j}$.

Des Weiteren, nennen wir ein Element f aus einem graduierten Ring (bzw. Modul) *homogen von Grad i*, falls f ein Element von R_i (bzw. M_i) ist. Ein Ideal sei genau dann homogen, wenn es von homogenen Elementen erzeugt werden kann.

Lemma 2.2. Sei $R = \oplus_{n \in \mathbb{N}} R_n$ ein graduierter Ring. Es gilt: R ist noethersch genau dann, wenn R_0 noethersch und R endlich-erzeugt ist als R_0-Algebra.

Beweis. "$\Rightarrow$" Angenommen R sei noethersch. Dann ist das irrelevante maximale Ideal

$$R_+ = \oplus_{n \geq 1} R_n$$

als Untermodul endlich-erzeugt. Diese Erzeuger seien oBdA $r_1, ..., r_s$ mit $r_i \in R_{\alpha(i)}$ (α ordne den richtigen Grad zu.) Es gilt $R_0 \cong R/R_+$, also ist R_0 noethersch. Außerdem ist $R = R_0[r_1, ...r_s]$. Für s=1 ist das klar, der Fall s > 0 folgt induktiv.

"$\Leftarrow$" Sei umgekehrt R_0 ist noethersch und R endlich erzeugt als R_0-Algebra, dann ist R noethersch nach dem Hilbertschen Basissatz

$\square$

Satz 2.3. Sei $R = \oplus_{n \in \mathbb{N}} R_n$ ein graduierter, noetherscher Ring ist, und sei $M = \oplus_{n \in \mathbb{N}} M_n$ ein endlich erzeugtes graduiertes R-Modul. Dann ist M_n ein endlich-erzeugtes R_0-Modul für alle $n \geq 0$.

3

Beweis. Nach dem gerade bewiesenen Lemma gilt $R = R_0[r_1, ..., r_s]$ für passende $r_i \in R_{\alpha(i)}$ und $M = Rm_1 + ... + Rm_t$ für passende $m_i \in M_{\beta(i)}$ (wobei α, β erneut den Grad zuordnen). Für alle $n \in \mathbb{N}$ und $m \in M_n$, gilt:

$$m = \sum_{i=1}^{t} \rho_i m_i$$

für passende $\rho_1, ... \rho_t \in R$. Da $m \in M_n$ folgt aus Gradgründen $\rho_i \in \mathbb{R}_{n-\beta(i)}$ für alle $1 \leq i \leq t$, wobei wir festlegen, dass $R_k = 0$ für k < 0. Also ist jedes ρ_i für $N(i) \in \mathbb{N}$ von der Form:

$$\rho_i = \sum_{j=1}^{N(i)} f_j(r_1, ..., r_s)$$

wobei jedes $f_j \in R_0[X_1, ..., X_s]$ eine Summe von Monomen beschränkten Grades ist. Es folgt die Behauptung.

$\square$

Beispiel 2.4. (a) Jeder Ring erhält eine triviale Graduierung, wenn man $R_0 = R$ und $R_n = 0$ für alle $n \neq 0$ setzt.

(b) $R[X_1, ..., X_s]$ lässt sich nach dem Grad der Polynome graduieren mit $R_0 = R$ als Koeffizientenring. Die homogenen Elemente sind dann gerade Polynome, in denen alle Monome von gleichem Grad sind.

(c) Sei S ein graduierter Ring, M ein graduiertes S-Modul und N ein graduiertes Untermodul von M. dann ist auch M/N graduiert durch

$$M/N = \oplus_{n \in \mathbb{N}} M_i/(M_i \cap N_i)$$

. Dies lässt sich unter Anderem dadurch einsehen, dass Kolimites (wie direkte Summe und Quotienten) miteinander kommutieren. Auf ähnliche Art und Weise lassen sich auch durch direkte-Summen-Bildung oder Lokalisierungen neue graduierte Module konstruieren.

(d) Sei $X \subseteq \mathbb{P}^n$ eine projektive Varietät. Betrachte den Koordinatenring $k[X] = R/I(X)$, wobei $R = k[X_0, ..., X_S]$ nach Grad graduiert sei. Dann ist k[X] ein endlich erzeugtes graduiertes R-Modul mit

$$k[X]_n = (S_n + I(X))/I(X)_n$$

Definition 2.5. Sei R ein noetherscher und kommutativer Ring mit 1. Sei $R = \oplus_{i \geq 0} R_i$ eine Graduierung. Wenn R_0 ein Körper ist, nennen wir R eine G-Algebra. Wenn R zusätzlich als k-Algebra von R_1 erzeugt wird (alle Erzeuger von R haben Grad 1) nennen wir R eine **standard G-Algebra**.

Bemerkung 2.6. Sei R eine beliebige G-Algebra. R ist als solche endlich erzeugt und graduiert, folglich gibt es eine endliche Menge von homogenen Erzeugern $r_1, ..., r_s$. Diese Erzeuger haben ohne Einschränkung deg $r_i = e_i \geq 1$. Wenn man nun den Polynomring über k in s unabhängigen Variablen $A = k[X_1, ..., X_s]$ mit $deg\ X_i = e_i$, dann hat A ebenfalls die Struktur einer G-Algebra (mit $X_i \in A_{e_i}$). Die kanonische Surjektion $p : A \to R$, welche durch $p : X_i \mapsto r_i$ ist eine grad-erhaltene Abbildung. Insbesondere ist der Kern der Abbildung ein homogenes Ideal. Folglich lässt sich nach dem Homomorphiesatz im folgenden für jede beliebige G-Algebra der Quotient eines Polynomrings nach einem homogenen Ideal annehmen!

Bemerkung 2.7. Sei $R = \oplus_{n \in \mathbb{N}} R_n$ ein graduierter, noetherscher Ring ist, und sei $M = \oplus_{n \in \mathbb{N}} M_n$ ein endlich erzeugtes graduiertes R-Moduln. Nach Satz 2.3 ist M_n für alle n ein endlich-erzeugtes R_0-Modul. In dem Fall also, dass R_0 ein Körper ist, ist M_n ein R_0-Vektorraum und es lässt sich seine Vektorraum-Dimension untersuchen! Dies motiviert die folgende Definition, um die sich der Rest der Arbeit kreisen wird:

Definition 2.8. Die **Hilbert-Funktion** eines endlich-erzeugten, graduierten Moduls $M = \oplus_{n \in \mathbb{N}} M_n$ ist

$$HF(M, i) = dim_k M_i.$$

Für eine projektive Varietät $X \subseteq \mathbb{P}^n$ sei die Hilbert-Funktion von X definiert als die Hilbert-Funktion des zugehörigen Koordinatenrings:

$$HF(X, n) = HF(R/I(X), n) = dim_k((R_n + I(X))/I(X))$$

Sollte es der Lesbarkeit nützen, werde ich die Hilbert-Funktion von M auch als HF_M schreiben.

Beispiel 2.9 (Hilbert-Funktion für einzelnen Punkt). . Sei $X = \{a\} \in \mathbb{P}^n$. Zunächst einmal stellt man fest, dass die Hilbert-Funktion invariant unter projektiven Automorphismen ist, da diese sowohl Graduierung, als auch Vektorraumdimension erhalten. Aus diesem Grund lassen sich ohne Einschränkung die projektiven Koordinaten von $a = (1 : 0 : ... : 0)$ wählen. Da $I(a) = (X_1, ..., X_n)$ folgt für den Koordinatenring $k[X] = k[X_0, ..., X_n]/I(a) \simeq K[X_0]$ und damit $HF_X(d) = 1$

Beispiel 2.10. Sei $R = k[X_1, ..., X_s]$ ein Polynomring über einem Körper k und gelte $deg(X_i) = 1$. Dann ist für alle $n \geq 0$

$$HF(R, n) = \binom{n + s - 1}{s - 1}$$

Dies lässt sich entweder durch Abzählen überlegen oder durch einen schnellen induktiven Beweis über n + s. Für n = 0 oder s = 1 ist die Aussage klar, also nehmen wir an, dass n > 0 und s > 1. Sei nun $S = R/X_s = k[X_1, ..., X_{s-1}]$ und betrachte die exakte Sequenz:

$$0 \longrightarrow R_{n-1} \overset{\cdot X_s}{\longrightarrow} R_n \longrightarrow S_n \longrightarrow 0$$

R_{n-1}, S_n kennen wir nach Induktionsvoraussetzung und somit ist:

$$HF(R,n) = dim_k R_{n-1} + dim_k S_n = \binom{n+s-2}{s-1} + \binom{n+s-2}{s-2} = \binom{n+s-1}{s-1}$$

Wobei wir hier bereits die Additivität der Hilbert-Funktion auf exakten Sequenzen ausgenutzt haben:

Lemma 2.11. Die Hilbert-Funktion ist additiv auf exakten Sequenzen. Sei

$$0 \longrightarrow U \overset{f}{\longrightarrow} V \overset{g}{\longrightarrow} W \longrightarrow 0$$

eine exakte Sequenz. Dann gilt:

$$HF_V = HF_U + HF_W$$

Beweis. Die Behauptung folgt aus dem Rangsatz der linearen Algebra und der Definition einer exakten Sequenz:

$$dim_k(V) = dim_k ker(g) + dim_k im(g) = dim_k im(f) + dim_k im(g) = dim_k(U) + dim_k(W)$$

$$\square$$

Insbesondere folgt durch Zerschneiden in kurze exakte Sequenzen:

Satz 2.12. Sei V: $0 \longrightarrow V_n \longrightarrow V_{n+1} \longrightarrow \ldots \longrightarrow V_o \longrightarrow 0$ eine exakte Sequenz von endlich dimensionalen Vektorräumen. Dann gilt:

$$\sum_{i=0}^{n} (-1)^i dim(V_i) = 0$$

Definition 2.13. Homomorphismen zwischen graduierten Moduln heißen graduierte Homomorphismen, falls sie die Graduierung bewahren. Das bedeutet, dass der Homomorphismus $M \overset{\Phi}{\longrightarrow} N$ graduiert ist, falls für alle i gilt:

$$\Phi(M_i) \subseteq N_i$$

Definition 2.14 (verschobene Graduierung). Für einen Ring R (als Modul über sich selbst aufgefasst), bezeichne R(-i) das Modul, in dem für alle k gilt: Wenn ein Erzeuger von R Grad k hat, so hat er in R(i) Grad k+i. Insbesondere ist also $R(-i)_j = R_{i+j}$.

Beispiel 2.15. Sei $R = k[x,y]$ und bezeichne R_i den Grad-i-Teil in $R = \oplus_{n \in \mathbb{N}} R_n$.

Grad i	=	0	1	2	3	4
Basis von R_i	=	1	x,y	x^2, y^2, xy	...	...
Basis von $R(-2)_i$	=	0	0	1	x,y	x^2, y^2, xy

Beispiel 2.16. Sei $R = k[X_1, ..., X_s]$ (verstanden als Modul über sich selbst) und $f \in R_i$ ein homogenes Element von Grad i. Die Abbildung:

$$R \xrightarrow{\cdot f} R$$

ist kein graduierter Homomorphismus, da die 1 als Objekt von Grad 0 auf f, ein Objekt von Grad i, geschickt wird. Verschieben wir jedoch die Graduierung von R, so dass die 1 Grad i bekommt, dann haben wir einen graduierten Homomorphismus:

$$R(-i) \xrightarrow{\cdot f} R$$

Bemerkung 2.17. Der Sinn von verschobenen Graduierungen ist in erster Linie ordentliche Buchführung! Wie Satz 2.12 zeigt, lassen sich Hilbert-Funktionen von Moduln oft besonders schön berechnen, in dem man das Modul in eine exakte Sequenz zwingt. Wir suchen exakte Sequenzen, in denen es Sinn ergibt, sich anzuschauen, was im jeweiligen Grad passiert: dies passiert bei graduierten Abbildungen zwischen graduierten Moduln!

Bemerkung 2.18. Hilbert-Funktionen lassen sich auch auf allgemeineren Strukturen als auf G-Algebras definieren. Hierzu sei die Länge eines R-Moduls $\lambda_R(M)$ definiert als das Supremum über die Anzahl der strikten Inklusion von Untermodulketten der Form $0 = N_0 \subsetneq N_1 \subsetneq ... \subsetneq N_n = M$, also als Länge jeder Kompositionsreihe von M. Sei nun R ein graduierter Ring und M ein graduiertes R-Modul und sei für alle n $\lambda_{R_0}(M_n) < \infty$. Nun lässt sich die Hilbert-Funktion $HF_M : \mathbb{N} \to \mathbb{N}$ definieren durch $HF_M(n) = \lambda_{R_0}(M_n)$. Die wichtigste Klasse graduierter Module, die eine Hilbert-Funktion besitzen, sind diejenigen, welche über einem graduierten Ring R endlich erzeugt sind, wobei R noethersch und R_0 artinsch ist. Dies ist insbesondere bei G-Algebras der Fall, mit welchen ich mich im Rahmen dieser Arbeit beschäftigen werde.

2.2 Hilbert-Serie und Hilbert-Polynom

Eine andere Form die Information der Hilbert-Funktion zu verpacken, ist die formale Potenzreihe "Hilbert-Serie". Diese hat eine überraschende Form: sie ist eine rationale Funktion in t!

Definition 2.19. Die **Hilbert-Serie** eines endlich erzeugten, graduierten Moduls M ist

$$HS(M,t) = \sum_{i \in \mathbb{Z}} HF(M,i)t^i$$

Erneut werde ich aus Notationsgründen in manchen Fällen auch $HS_A(t)$ schreiben.

Lemma 2.20. Sei A eine G-Algebra. Es gilt:

$$HS(A(-d),t) = t^d HS(A,t)$$

Beweis. Dies folgt aus der Definition der verschobenen Graduierung:

$$t^{-d}HS(A(-d),t) = t^{-d}\sum_{i\in\mathbb{Z}} HF(A(-d),i)t^i$$

$$= t^{-d}\sum_{i\in\mathbb{Z}} HF(A,i)t^{i+d} = HS(A,t)$$

□

Lemma 2.21. Sei A eine G-Algebra und f ein homogenes Element von Grad d > 0, welches kein Nullteiler ist. Dann gilt:

$$HS(A/(f),t) = (1-t^d)HS(A,t)$$

Beweis. Betrachte die exakte Sequenz:

$$0 \longrightarrow A(-d) \overset{\cdot f}{\longrightarrow} A \longrightarrow A/(f) \longrightarrow M \longrightarrow 0$$

Es folgt mit Lemma 2.20 und 2.11

$$HS(A/(f),t) = HS(A,t) - t^d HS(A,t)$$

und damit die Behauptung.

□

Allgemeiner gilt:

Satz 2.22. Sei A eine G-Algebra und θ ein homogenes Element in A von Grad d > 0.

$$HS(A,t) = \frac{HS(A/(\theta),t) - t^d HS(Ann\theta,t)}{1-t^d}$$

Beweis. Für n≥0 gilt

$$HF((\theta),n+d) = dim_k(\theta A_n) - dim_k(A_n \cap Ann\theta) = HF(A,n) - HF(Ann\theta,n),$$

Also

$$HS((\theta),t) = t^d[HS(A,t) - HS(Ann\theta,t)]$$

Wegen Lemma 2.11 gilt gleichzeitig natürlich

$$HS(A,t) = HS(I,t) + HS(A/I,t)$$

Für $I = (\theta)$ folgt die Behauptung.

□

Beispiel 2.23. Die Hilbert-Serie für $k[X_1, ..., X_n]$ mit $\deg X_i = 1$ ist

$$HS(k[X_1, ..., X_n, t]) = \frac{1}{(1-t)^n}$$

Für n = 1 ist nämlich

$$HS(k[X_1], t) = 1 + t + t^2 + ... = \frac{1}{1-t}$$

Sei also n > 1. Betrachte die kurze exakte Sequenz:

$$0 \longrightarrow k[X_1, ..., X_n](-1) \xrightarrow{\cdot X_n} k[X_1, ..., X_n] \longrightarrow k[X_1, ..., X_n]/(X_n) \longrightarrow 0$$

Da $k[X_1, ..., X_n]/(X_n) \cong k[X_1, ..., X_{n-1}]$, folgt aus der Additivität der Hilbert-Funktion:

$$HS(k[X_1, ..., X_n], t) - t HS(k[X_1, ..., X_n], t) = HS(k[X_1, ..., X_{n-1}]) = \frac{1}{(1-t)^{n-1}}$$

und damit die Behauptung.

<

Proposition 2.24. Sei R ein eine standard G-Algebra und M ein endlich erzeugtes, graduiertes R-Modul. Dann ist M genau dann artin, wenn $HS(M, i) \in \mathbb{N}[t, t^{-1}]$ ein Polynom mit natürlichen Koeffizienten ist.

Beweis. Sei $M = \oplus M_i$. Dann ist M artin genau dann, wenn es ein $j \in \mathbb{N}$ gibt, so dass $M_i = 0$ für alle $i \geq j$. Wäre dies nicht der Fall, ließe sich ein unendlich descending chain von Idealen bilden, in dem

$$< M_1 > \supsetneq < M_2 > \supsetneq ...$$

wobei $< M_i >$, das durch M_i erzeugte Ideal bezeichne. Wenn aber $M_i = 0$ für groß genuge i, ist $HS(M, i)$ in der Tat in $\mathbb{N}[t, t^{-1}]$. □

Satz 2.25. Sei R eine G-Algebra und M eine endlich erzeugtes graduiertes R-Modul. Dann ist die Hilbertserie $HS_M(t)$ eine rationale Fuktion in t. Insbesondere für $R = R_0[X_1, ..., X_s]$ mit $deg(X_i) = e_i \neq 0$ gilt:

$$HS(M, t) = \frac{f(t)}{\prod_{i=1}^{s}(1 - t^{e_i})}$$

wobei $f(t) \in \mathbb{Z}[t^{-1}, t]$ ist.

Beweis. Für s = 0 ist $R = R_0$. Da M endlich erzeugt ist, ist $M_n = 0$ für fast alle n. Folglich ist $HS(M, t) \in \mathbb{Z}[t^{-1}, t]$. Nehme also an, dass s > 0 ist. Betrachte nun folgende exakte Sequenz:

$$0 \longrightarrow (0 :_M X_s)(-e_s) \longrightarrow M(-e_s) \xrightarrow{\cdot X_s} M \longrightarrow M/X_s M \longrightarrow 0,$$

9

wobei $(0 :_M X_s) = \{f \in M | f X_s = 0\}$.

Aus der Additivität der Vektorraumdimension folgt für alle n:

$$HF(M,n)t^n - HF(M,n-e_s)t^n = HF((M/X_sM),n)t^n - HF((0 :_M X_s), n - e_s)t^n$$

Summiert man nun über $n \in \mathbb{Z}$, erhält man:

$$HS(M,t) - t^{e_s}HS(M,t) = HS(M/X_SM,t) - t^{e_s}HS(0 :_M X_s, t)$$

Nun sind jedoch M/X_sM und $(0 :_M X_s)$ Moduln über $R_0[X_1, ..., X_{s-1}]$, da

$$X_sM/X_sM = X_s(0 :_M X_S) = 0.$$

Also lässt sich die Induktionsvoraussetzung für $HS(M/X_sM,t)$ und $HS((0 :_M X_S),t)$ anwenden und es existieren Polynome $g_1(t), g_2(t) \in \mathbb{Z}[t]$, so dass

$$(1 - t^{e_s})HS(M,t) = \frac{g_1(t)}{\prod_{i=1}^{s-1}(1 - t^{e_i})} - \frac{g_2(t)}{\prod_{i=1}^{s-1}(1 - t^{e_i})} -$$

Teilen liefert dann die Behauptung. □

Ein für uns wichtiger Spezialfall folgt aus dem gerade bewiesenen Satz für den Fall von standard G-Algebras:

Korollar 2.26. Sei $R = k[X_1, ..., X_s]$ und ein M erneut ein endlich erzeugtes graduiertes R-Modul. Dann gibt es ein eindeutiges $0 \leq b \leq s$, und $g(t) \in \mathbb{Z}[t, t^{-1}]$ mit $g(1) \neq 0$, so dass

$$HS(M,t) = \frac{g(t)}{(1-t)^b}$$

Lemma 2.27. Für alle $d \geq 1$ gilt:

$$\frac{1}{(1-t)^d} = \sum_{n=0}^{\infty} \binom{n+d-1}{d-1} t^n$$

Satz 2.28. Sei R eine standard G-Algebra und M ein R-Modul mit Hilbert-Serie der Form

$$HS(M,t) = \frac{g(t)}{(1-t)^b}$$

mit $b \geq 0$ und $g(t) \in \mathbb{Z}[t, t^{-1}]$ mit $g(1) \neq 0$.

Dann existiert ein eindeutiges Polynom $HP(M,i) \in \mathbb{Q}[i]$ von Grad b-1, so dass für genügend große n.

$$HP(M,n) = HF(M,n)$$

Beweis. Sei $g(t) = a_l t^l + a_{l+1} t^{l-1} + ... + a_m t^m$. Nach dem Lemma 2.27 wissen wir, dass

$$HS(M,t) = \frac{g(t)}{(1-t)^b} = g(t) \cdot \sum_{n \geq 0} \binom{n+b-1}{b-1}$$

Koeffizientenergleich von t^n liefert nun für $n \geq m$

$$HF(M,n) = \sum_{i=l}^{m} a_n \binom{n+b-i-1}{b-1}$$

Setze $HP(M,i) = \sum_i a_n \binom{n+b-i-1}{b-1}$. Dann ist HP(M,i) ein Polynom in $\mathbb{Q}[i]$ von Grad höchstes b-1 und $HP(M,n) = HF(M,n)$ für alle n groß genug. Bemerke, dass der Koeffizient von x^{b-1} gerade $\frac{a_l+...+a_m}{(b-1)!} = \frac{g(1)}{(b-1)!} \neq 0$ ist. Also ist $\deg(HP(M,i)) = b-1$

□

Definition 2.29. Das gerade deduzierte Polynom $HP(M,i) \in \mathbb{Q}[i]$ für das für n » 0 gilt:

$$HP(M,i) = HF(M,i)$$

nennen wir das **Hilbert Polynom** von M.
Es folgt aus seiner Deduktion, dass es folgende Form hat:

$$HP(M,i) = \frac{a_m}{m!}i^m + \frac{a_{m-1}}{(m-1)!}i^{m-1} + ...$$

Beispiel 2.30. Sei $X \subset \mathbb{P}^2$ eine Kurve, welche durch ein homogenes Polynom F aus $R = k[X_0, X_1, X_2]$ von Grad d definiert wird. $I(X)_m$, also der m-te homogene Part der Graduierung von I(X), besteht dann aus allen Polynomen von Grad d in R, welche durch F teilbar sind. Wir können also $I(X)_m$ mit $K[X_0, X_1, X_2]_{m-d}$ identifizieren und es gilt

$$HF(I(X),m) = \binom{m-d+2}{2}$$

und somit

$$HF(X,m) = \binom{m+2}{2} - \binom{m-d+s}{2} = d \cdot m - \frac{d(d-3)}{2}$$

Für $m \geq d$ ist HF(X,m) also ein Polynom von Grad 1.

Beispiel 2.31. Sei R = k[X,Y] und $I = (X^3 + Y^3)$. Berechnen wir $HF(R/I,i)$! Dazu betrachten wir die folgende exakte Sequenz:

$$0 \longrightarrow R(-3) \xrightarrow{\Phi} R \longrightarrow R/I \longrightarrow 0$$

Wobei Φ die Multiplikation mit $X^3 + Y^3$ bezeichnet. Es folgt also für i > 1:

$$HF(R/I,i) = HF(R,i) - HF(R,i-3)$$

$$= dim_k(R_i) - dim_k(R_{i-3}) = \binom{1+i}{1} - \binom{i-1}{1} = 2$$

Das Hilbertpolynom von R/I ist also konstant. Was passiert nun, wenn wir eine Linearform zu I hinzufügen?

Betrachten wir die Hilbert-Funktion von HF(R/J,i) für J = I + (X). Ein Weg zur Berechnung wäre die Feststellung, dass $R/J \simeq k[Y]/(y^3)$ und somit für $0 \leq i \leq 2$ HF(R/J,i)=1 und für $i \geq 3$ HF(R/J,i)=0. Zur Illustration noch ein anderer Weg: Betrachte die exakte Sequenz:

$$0 \longrightarrow R(-4) \longrightarrow R(-1) \oplus R(-3) \longrightarrow R \longrightarrow R/J \longrightarrow 0$$

wobei $R^2 \to R$ den einen Erzeuger von R^2 (nennen wir ihn e_1) auf x schickt, und den anderen (e_2) auf $X^3 + Y^3$. Damit wir eine graduierte Abbildung zwischen graduierten Moduln erhalten, muss also e_1 auf Grad 1 und e_2 auf Grad 3 geschoben werden. Der Kern der Abbildung f ist dabei von $(X^3 + Y^3)e_1 - Xe_2$ erzeugt und folglich von Grad 4. Nach Satz 2.12 wissen wir nun, dass für i groß genug:

$$HP(R/I, i) = HP(R, i) - HP(R(-1), i) - HP(R(-3), i) + HP(R(-4), i)$$

$$= HP(R, i) - HP(R, i - 1) - HP(R, i - 3) + HP(R, i - 4)$$

$$= \binom{i+1}{1} - \binom{i}{1} - \binom{i-2}{1} + \binom{i-3}{1} = 0$$

Hilbert-Funktion und Hilbert-Polynom stimmen hier also ab $i \geq 3$ identisch überein. Der im Beispiel verwandte Ansatz zur Berechnung der Hilbert-Funktion/Hilbert-Polynoms hat eine noch schönere Seite: er funktioniert für alle endlich erzeugten graduierten Moduln! Denn jedes dieser Module lässt sich in eine endliche exakte Sequenz von freien Moduln integrieren, was im Wesentlichen das Hilbertsche Syzygy-Theorem besagt, das hier zitiert sei:

Satz 2.32 (Hilbertsche Syzygy-Theorem). Sei M ein endlich erzeugtes graduiertes Modul über dem Polynomring $R = k[X_0, ..., X_n]$. Dann existiert eine graduierte exakte Sequenz von Moduln der Form:

$$0 \longrightarrow F_n \longrightarrow F_{n-1} \longrightarrow ... \longrightarrow F_0 \longrightarrow M \longrightarrow 0$$

wobei die F_k endlich erzeugte freie Module sind. Sie sind also von der Form:

$$F_k = \oplus_j R(j)^{\beta_{k,j}}$$

Satz 2.33. Habe M eine endliche graduierte freie Resolution in der Form:

$$0 \to \oplus_{j \in \mathbf{z}} R(-j)^{\beta_{s,j}} \to ... \to \oplus_{j \in \mathbf{z}} R(-j)^{\beta_{1,j}} \to \oplus_{j \in \mathbf{z}} R(-j)^{\beta_{0,j}} \to M \to 0$$

Dann ist $HS(M,t) = HS(R,t) \sum_{i,j} (-1)^i \beta_{i,j} t^j$

Beweis. Sei $F_k = \oplus_j R(j)^{\beta_{k,j}}$. Aus der Additivität der Hilbert-Funktion folgt, dass

$$HS(M,t) = \sum_{i=0}^{n} (-1) HS(F_i)$$

Nun ist aber

$$HS(F_i, t) = \sum_j HS(R(-j)^{\beta_{i,j}}, t) = \sum_j \beta_{i,j} t^j HS(R, t)$$

und damit folgt die Behauptung. □

Beispiel 2.34. Sei $R = k[X_1, X_2]$ und sei $S = k[X_1, X_2]/(X_1^2)$ ein R-Modul. Betrachte nun $S' = S/(X_2)$. Die Hilbert-Serie von S lässt sich leicht aus einer graduierten freien Resolution von S über R bestimmen.

$$0 \longrightarrow R(-2) \overset{\phi}{\longrightarrow} R \longrightarrow S \longrightarrow 0$$

mit $\phi : 1 \mapsto X_1^2$.
Es folgt $\beta_{0,0} = \beta_{1,2} = 1$ und $\beta_{i,j} = 0$ für alle anderen i,j.
Also ist nach Satz 2.33

$$HS(S,t) = HS(R,t)(1 - t^2) = \frac{1 - r^2}{(1-t)^2} = \frac{1+t}{1-t} = 1 + 2t + 2t^2 + 2t^3 + ...,$$

Insbesondere ist S also artinsch nach Proposition 2.24.

3 Hilbertpolynom und (projektive) Varietäten

3.1 Grad und Dimension einer projektiven Varietät

Bevor wir zur sauber algebraischen Definition von Grad und Dimension durch das Hilbert-Polynom kommen, brauchen wir noch etwas Vorarbeit:

Definition 3.1. Eine reduzierte G-Algebra ist eine G-Algebra, die abgesehen vom Null-element keine weiteren nilpotente Elemente enthält.

Lemma 3.2. Ein Ideal $I \subset R$ ist genau dann radikal, wenn R/I reduziert ist.

Beweis. Sei I radikal und sei a ein nilpotentes Element in R/I, also $a^n = 0$ für ein $n \in \mathbb{N}$, dann ist a^n in I. Weil I radikal ist, gilt das aber auch schon für a. Sei umgekehrt R/I reduziert. Angenommen, es existiert $0 \neq a \in R/I$ mit $a^n \in I$, aber $a \notin I$. Dann muss dieses Element aber gerade 0 sein, da R/I reduziert ist, also in I. □

Bemerkung 3.3. Hilberts projektiver Nullstellensatz impliziert, dass das Verschwindungsideal von algebraischen Mengen im $\mathbb{P}^n$ radikal ist. Nach Lemma 3.2 ist der Koordinatenring jeder algebraischen Menge folglich ein reduzierter Ring und damit das Hilbertpolynom algebraischer Mengen das Hilbertpolynom einer reduzierten Algebra.

Definition 3.4. Seien I und J Ideale in einem Polynomring. Dann sei $I : J^\infty = \{f | \exists n : f \in I : J^n\}$. Da wir uns über noetherschen Ringen bewegen wird die Kette

$$I : J \subseteq I : J^2 \subseteq \dots$$

sich stabilisieren. Nenne dasjenige $I : J^m$, für das $I : J^k = I : J^m$ für alle $k \le m$, die Saturierung von I an J und schreibe $I : J^\infty$. Ist **m** das von den Variablen generierte maximale Ideale, dann ist $I^{sat} = I : \mathbf{m}^\infty$ die **Saturierung** von I.

Bemerkung 3.5. Es gilt

Die primäre Dekomposition von $I : f^\infty$ besteht aus den Komponenten der primären Dekomposition von i, die keine Potenz von f enthalten.

Falls **m** also das irrelevante maximale Ideal ist, dann wird sicher gestellt, dass dieses nicht zu den assoziierten Primideale von $I : \mathbf{m}^\infty$ gehört. Da das irrelevante maximale Ideal geometrisch irrelevant ist ($0 \notin \mathbb{P}^n$), beschreibt I^{sat} die gleiche projektive Varietät wie I. I^{sat} ist das größte Ideal mit $HP(I^{sat}) = HP(I)$ und insbesondere ist jedes radikale Ideal ($\ne \mathbf{m}$) saturiert.

Lemma 3.6. Sei A eine reduzierte standard k-Algebra. Dann gibt es ein $f \in A_1$, das kein Nullteiler ist.

Beweis. Sei $A = k[X_0, \dots, X_n]/I$ für ein radikales homogenes Ideal I, verschieden vom irrelevanten maximalen Ideal m=$(X_0, \dots, X_n)$. m taucht dabei nicht in der primären Dekomposition von I auf, da jedes radikale Ideal ($\ne m$) saturiert ist.
Sei $I = p_1 \cap \dots \cap p_s$. Da $p_i \ne m$, ist $V(p_i) \ne \emptyset$ für alle i. Sei für jedes i, $P_i \in \mathbb{P}^n$ ein beliebiger Punkt in $V(p_i)$. Da k algebraisch abgeschlossen ist, existiert ein f $k[X_0, \dots, X_n]$, so dass V(f) eine Hyperebene ist, welche keinen der Punkte P_i enthält. Dann ist für $1 \le i \le s$: $f \notin I(P_i)$ und $p_i \subset I(P_i)$, also für für $1 \le i \le s$: $f \notin p_i$. Folglich haben wir eine lineares $f \notin p_1 \cup \dots \cup p_s$, also f, welches nicht in der Menge der Nullteiler mod I ist. $\square$

Definition 3.7. Für ein homogenes Ideal $I \subseteq k[X_0, \dots, X_s]$ mit

$$HP(R/, i) = \frac{a_m}{m!} i^m + \frac{a_{m-1}}{(m-1)!} i^{m-1} + \dots$$

definieren wir die Dimension der projektiven Varietät $V_p(I) \in \mathbb{P}_k^s$ als m, die Codimension von $V_p(I)$ als s - m und den Grad von V(I) als a_m.

Beispiel 3.8. Der projektive Raum $\mathbb{P}^n$ zum Beispiel hat die Dimension n und Grad 1. Wir wissen bereits, dass $dim_k[X_0, \dots, X_n]_i = \binom{n+i}{i}$. Dies ist ein Polynom mit

$$HP(\mathbb{P}^n, i) = \frac{i^n}{n!} + \dots,$$

also sind Dimension und Grad gerade wie behauptet.
Ein einzelner Punkt hat nach Beispiel 2.9 Hilbert-Polynom 1. Er hat also wie zu erwarten war Dimension 0 und Grad 1.

Bemerkung 3.9. Eine geometrische Art und Weise sich die Dimension einer Varietät vorzustellen, ist die Anzahl nötiger Schnitte mit einer ausreichend allgemeinen Hyperebene, bis man bloß noch eine (null-dimensionale) Menge an Punkten übrig hat: Jeder Schnitt mit einer generischen Hyperebene verringert die Dimension des geschnittenen Objekts um 1. Schneidet man etwa eine dreidimensionale Oberfläche erhält man eine Kurve, schneidet man eine Kurve erhält man Punkte.
Den Grad der Varietät lässt sich dann vorstellen als Anzahl von Punkten, die vom geschnittenen Objekt übrig bleiben.
Problematisch ist jedoch der Begriff "ausreichend allgemein", der darauf abzielt, Sonderfälle, wie etwa, dass die Varietät in der Hyperebene enthalten ist, auszuschließen. Eine präzise Definition ist dies jedoch nicht beziehungsweise ist es von Mal zu Mal notwendig Sonderfälle auszuschließen.
Zwar ist geometrisch nicht einsehbar, warum der Grad des Hilbert-Polynoms die Dimension, und der Leitkoeffizient den Grad einer projektiven Varietät liefert. Doch: Sie stimmen überein und damit ermöglicht das Hilbert-Polynom eine saubere und vor allem auch leicht-berechenbare Definition. Zeigen wir, dass die über das Hilbert-Polynom definierte Dimension "geometrisch korrekt" ist:

Satz 3.10. Schneidet man eine projektive Varietät $V_p(I)$ mit einer allgemeinen Hyperfläche (also $V(f)$ für ein homogenes Polynom f), so reduziert dies die Dimension um 1, während der Grad erhalten bleibt.

Beweis. Betrachte die exakte Sequenz:

$$0 \longrightarrow R(-1)/(I:f) \overset{f}{\longrightarrow} R/I \longrightarrow R/(I,f) \longrightarrow 0$$

Hierbei sei f eine homogene Linearform, die kein Nullteiler auf R/I ist. Insbesondere ist dann aber $I:f = I$. Denn angenommen, es gäbe ein $0 \neq g \in I:f$, mit $g \notin I$, dann wäre fg = 0 in R/I, also I ein Nullteiler.
Die exakte Sequenz lässt sich also schreiben als:

$$0 \longrightarrow R(-1)/I \longrightarrow R/I \longrightarrow R/(I,f) \longrightarrow 0$$

Schreiben wir nun das Hilbert-Polynom in der Form:

$$HP(R/I,i) = \frac{a_m}{m!}i^m + \ldots$$

dann folgt aus der exakten Sequenz und der Additivität der Hilbert-Funktion auf exakten Sequenzen:

$$HP(R/(I,f),i) = HP(R/I,i) - HP(R/I,i-1) = \frac{a_m}{(m-1)!}i^{m-1}$$

Also folgt, dass das Schneiden mit der durch f definierten Hyperfläche die Dimension um 1 reduziert, während der Grad a_m bewahrt wurde.

$\square$

Dies kann man dim V(I) mal machen, bevor das resultierende Hilbertpolynom Grad 0 hat; das übrig bleibende konstante Polynom entspricht dem Grad der projektiven Varietät. Wenden wir uns dem Grad zu. Es wäre geometrisch zu erwarten, dass der Grad einer Kurve gerade dem Grad des definierenden Polynoms entspricht. Dies gilt in der Tat und wir zeigen allgemeiner:

Satz 3.11. Sei $f \in R = k[X_0, ..., X_n]$ ein homogenes Polynom, das kein Nullteiler ist, und sei $V(f) \in \mathbb{P}^n$ die von f definierte Hyperfläche. Es gilt:

$$deg(V(f)) = deg(f)$$

Beweis. Sei deg(f)=k. Betrachte die folgende exakte Sequenz:

$$0 \longrightarrow R(-k) \overset{\cdot f}{\longrightarrow} R \longrightarrow R/(f) \longrightarrow 0$$

Aufgrund der Additivität gilt für ausreichend großes n:

$$HP(V(f), d) = HP(\mathbb{P}^n, d+k) - HP(\mathbb{P}^n, d) = \binom{d+k+n}{n} - \binom{d+n}{n}$$

Ausmultiplizieren liefert:

$$HP(V(f), d) = \frac{k}{(n-1)!} t^{n-1} + \dots$$

Also ist deg(V(f)) wie behauptet. $\qquad\qquad\Box$

Die zwei gerade bewiesenen Sätze vermitteln einen ersten Eindruck der kraftvollen Maschinerie des Hilbert-Polynoms.

Satz 3.12. Es gilt:

(i) Sei I ein homogenes Ideal in $k[X_0, ..., X_n]$ mit $V(I) = \emptyset$. Dann ist $HF(V(I), d) = 0$ für fasst alle $d \in \mathbb{N}$, der Grad der leeren Varietät also -1.

(ii) Sei $Y \subset \mathbb{P}^n$, $Y \neq \emptyset$. Dann ist $deg(Y) \in \mathbb{N}_+$

(iii) Sei $Y = Y_1 \cup Y_2$, wobei Y_1 und Y_2 die selbe Dimension r haben und $dim(Y_1 \cap Y_2) < r$ ist. Dann ist $deg\ Y = deg\ Y_1 + deg\ Y_2$.

Beweis. (i) Mit dem projektiven Nullstellensatz folgt, dass $\sqrt{I} = (X_0, ..., X_n)$ oder $\sqrt{I} = (1)$. In beiden Fällen gilt, dass es für alle X_i ein $k_i \in \mathbb{N}$ gibt, so dass $X_i^{k_i} \in I$. Für groß genuges d >> 0 folgt also: $I_d = k[X_0, ..., X_n]_d$ und somit $HF(V(I), d) = HF(R, d) - HF(I, d) = 0$ für fast alle $d \in \mathbb{N}$

(ii) Da $Y \neq \emptyset$ ist HP(Y,i) ein von Null verschiedenes Polynom von Grad r = dim Y. Der Grad ist gerade der Leitkoeffizient von HP(Y,i)*m!, also da HP(Y,i)=HF(Y,i)$\geq$0 für groß genuge i ist, ist dies eine positive ganze Zahl.

(iii) Seien I_1, I_2 die zu Y_1, Y_2 gehörigen Ideale. Dann ist $I = I_1 \cap I_2$ das Ideal von Y. Betrachte die exakte Sequenz:

$$0 \longrightarrow S/I \longrightarrow S/I_1 \oplus S/I_2 \longrightarrow S/(I_1 + I_2) \longrightarrow 0$$

Nun ist $V(I_1 + I_2) = Y_1 \cap Y_2$, welches nach Voraussetzung Dimension $<$r hat. Also ist $HP(S/(I_1 + I_2), i)$ von Grad $<$r. Also ist der Leitkoeffizient von $HP(S/I, i)$ die Summe der Leitkoeffizienten von $HP(S/I_1, i)$ und $HP(S/I_2, i)$, wie behauptet.

□

3.2 Satz von Bezout

Was lässt sich über den Schnitt und die Vereinigung projektiver Varietäten mit Hilfe des Hilbert-Polynoms sagen?

Satz 3.13. Seien I, J zwei homogene Ideale in $k[X_0, ..., X_n]$. Es gilt:

$$HF_{I \cap J} + HF_{I+J} = HF_I + HF_J \tag{3.1}$$

Beweis. Sei $R = k[X_0, ..., X_n]$ Betrachte die folgende exakte Sequenz:

$$0 \longrightarrow R/(I \cap J) \xrightarrow{f} R/I \times R/J \xrightarrow{g} R/(I + J) \longrightarrow 0$$

wobei $f : \alpha \mapsto (\alpha, \alpha)$ und $g : (\alpha, \beta) \mapsto \alpha - \beta$

Betrachtet man nun den d-dimensionalen Teil der Graduierungen folgt die Behauptung mit dem Lemma über die Additivität der Hilbert-Funktion □

Satz 3.14 (Vereinigung disjunkter projektiver Varietäten). . Seien X und Y disjunkte projektive Varietäten. Dann gilt für d » 0:

$$HF_{X \cup Y}(d) = HF_X(d) + HF_Y(d),$$

Insbesondere folgt, dass für endliche Vereinigungen von Punkten $X = \{p_1, ..., p_n\}$: $HF_X(d) = n$, wenn d » 0

Beweis. Benutze den vorherigen Satz! Es gilt zum einen $\emptyset = X \cap Y = V(I(X)) \cap V(I(Y)) = V(I(X) + I(Y))$ und somit nach Satz 3.12 (i) $HF_{I(X)+I(Y)}(d) = 0$ für groß genuge d. Andererseits ist $I(X) \cap I(Y) = I(X \cup Y)$. Somit folgt für d » 0: $HF_{X \cup Y}(d) = HF_X(d) + HF_Y(d)$ und damit die Behauptung.

□

Satz 3.15 (Bezouts Theorem). Sei $R = k[X_0, ... X_n]$, $X \subseteq \mathbb{P}^n$ eine projektive Varietät mit Verschwindungsideal I und sei V(f) eine Hyperfläche von Grad k, so dass X und V(f) keine gemeinsamen irreduziblen Komponenten haben. Dann gilt

$$deg(X \cap V(f)) = k deg(X)$$

Beweis. Mit V(f) hat auch f nach Satz ... gerade Grad k. Betrachte die exakte Sequenz:

$$0 \longrightarrow R/I(-k) \xrightarrow{\cdot f} R/I \longrightarrow R/(I+f) \longrightarrow 0$$

(die Abbildung f ist injektiv, da X und V(f) keine gemeinsamen irreduziblen Komponenten haben nach Voraussetzung). Für groß i » 0 folgt:

$$HP(X \cap V(f), i) = HP(X, i) - HP(X, i - k)$$

Für $m = \dim(X)$ hat HP(X,i) die Form $HP(X, i) = \frac{a_m}{m!} i^m + \frac{a_{m-1}}{(m-1)!} i^{m-1} + \dots$ und $HP(X, i - k) = \frac{a_m}{m!} (i-k)^m + \frac{a_{m-1}}{(m-1)!} (i-k)^{m-1} + \dots$ Es folgt:

$$HP(X \cap V(f), i) = HP(X, i) - HP(X, i - k) = \frac{k a_m}{(m-1)!} i^{m-1}$$

und damit $deg(X \cap V(f)) = k deg(X)$ wie behauptet. $\qquad\square$

Korollar 3.16. Seien f, g homogene Elemente von $K[X_0, X_1, X_2]$ von Grad d bzw. e mit keinem gemeinsamen irreduziblen Faktor. Dann treffen sich die durch f und g definierten Kurven in $\mathbb{P}^2$ in d·e Punkten (gezählt mit Multiplizität)

Beweis. Nach Bezouts Theorem angewandt auf die 1-dimensionalen projektiven Varietäten V(f) und V(g) impliziert

$$deg(V(f) \cap V(g)) = d \cdot e$$

Da des Weiteren nach Beispiel die Dimension des Schnitts 0 ist, folgt die Behauptung. $\quad\square$

Beispiel 3.17. Es könnte vermutet werden, dass sich gerade bewiesener Satz direkt verallgemeinern ließe: Angenommen $\{f_1, ..., f_n\} \subseteq k[X_0, ..., X_n]$ seien Polynome ohne paarweise gemeinsame irreduzible Faktoren von Grad $deg(f_i) = e_i$. Dann gilt jedoch im Allgemeinen **nicht**:

$$V(f_1, ..., f_n) \subseteq \mathbb{P}^n$$

ist eine Menge von $e_1 \cdot e_2 \cdot ... \cdot e_n$ Punkten. Betrachtet man etwa das Ideal

$$I = (xz - y^2, xw - yz, z^2 - yw) \in k[x, y, z, w]$$

bei welchem sich leicht überprüfen lässt, dass es keine gemeinsamen Faktoren hat. Auf dem affinen Abschnitt U_x (x=1), bleiben die Gleichungen

$$z = y^2, w = y^3$$

Also ist auf U_x V(I) gegeben durch $(1, y, y^2, y^3)$. Insbesondere liegt ein 1-dimensionale Verschwindungsmenge vor, und keine 0-dimensionale (wie eine Ansammlung von Punkten es wäre). Aber auch der Grad von V(I) ist nicht 8: Auf U_x hat eine allgemeine

Hyperfläche die Form $E{:}a_0 + a_1y + a_2z + a_3w = 0$ und somit ist die gemeinsame Verschwindungsmenge von unserer Kurve und der Hyperfläche gegeben durch

$$a_0 + a_1y + a_2y^2 + a_3y^3 = 0$$

Über einem algebraisch abgeschlossenen Körper hat diese Gleichung drei Lösungen, also besteht die nun 0-dimensionale gemeinsame Verschwindungsmenge aus 3 Punkten und das Hilbert-Polynom hat für eine Konstante a die Form:

$$HP(R/I, i) = 3i + a$$

Definition 3.18. Sei M eine G-Algebra. Wir definieren eine reguläre Folge in M als Folge nicht-konstanter homogener Polynome

$$\{f_1, ..., f_m\},$$

so dass f_1 kein Nullteiler auf M, und für $i \geq 1$ f_i kein Nullteiler auf $M/(f_1, ..., f_{i-1})M$. Das von einer regulären Folge erzeugte Ideal heiße vollkommener Durchschnitt.

Bemerkung 3.19. Eine alternative Formulierung für Bezout's Theorem wäre zu sagen, dass zwei Polynome ohne gemeinsamen irreduziblen Faktor einen komplette Durchschnitt bilden.

Satz 3.20. Sei R eine G-Algebra. Seien $0 \neq \theta_1, ..., \theta_r$ eine Folge von in R von positiven Grad $deg\theta_i = f_i > 0$. und sei $S = R/(\theta_1, ...\theta_r)$ mit der natürlichen Quotientengraduierung. Es sei $\sum_{n=0}^{\infty} a_n t^n \leq \sum_{n=0}^{\infty} b_n t^n$, falls $a_n \leq b_n$ für alle $n \geq 0$. Dann gilt:

$$HS(R, t) \leq \frac{HS(S, t)}{\prod_{i=1}^{r}(1 - t^{f_i})}$$

Des Weiteren gilt Gleichheit genau dann, wenn $\theta_1, ..., \theta_r$ eine reguläre Folge ist.

Beweis. Da $\theta_1, ..., \theta_r$ genau dann eine reguläre Folge sind, wenn θ_1 kein Nullteiler in R ist und $\theta_2, ..., \theta_r$ eine R/θ_1-Folge sind, sei oBdA r=1. Nehme also an dass $S = R/\theta$ mit $deg\theta = f$. Wir wollen jetzt zeigen, dass $HS(R, t) \leq \frac{HS(S,t)}{1-t^f}$ mit Gleichheit genau dann, wenn θ kein Nullteiler in R ist. Dies folgt aber aus Lemma 2.21. $\square$

Bemerkung 3.21. Eine Konsequenz von Satz 3.20 und der hier nicht bewiesenen Tatsache, dass eine G-Algebra R genau dann Cohen-Macaulay ist, falls eine (äquivalent alle) homogene Familie von Parametern eine R-Folge bilden, folgt folgende Charakterisierung von Cohen-Macaulay Ringen über die Hilbert-Funktion: Sei R eine G-Algebra und seien $\theta_1, ..., \theta_d$ homogene Elemente mit $deg\theta_i = f_i$ und sei $S = R/(\theta_1, ..., \theta_d)$. Dann ist R genau dann Cohen-Macaulay, wenn

$$HS(R, t) = \frac{HS(S, t)}{\prod_{i=1}^{d}(1 - t^{f_i})}$$

3.3 Hilbertfunktion nulldimensionaler Varietäten

Beginnen wir mit einer Anwendung von Bezouts Theorem und konstruieren wir zu einer gegebenen Hilbert-Funktion eine passende Punktmenge in $\mathbb{P}^2$.
Sei eine Hilbert-Funktion gegeben durch:

$$i \qquad 0 \quad 1 \quad 2 \quad 3 \quad 4$$
$$HF(R/I, i): \quad 1 \quad 3 \quad 6 \quad 10 \quad 10...$$

Ich behaupte, dass die Punkte in folgendem Diagramm die gewünschte Hilbert-Funktion haben:

.

. .

. . .

. . . .

wobei der Punkt links-unten Koordinaten [1:0:0] habe und jeder andere Punkt (x,y) im Diagramm zu [1:x:y] korrespondieren soll.
Zeigen wir, dass diese Punkte die gewünschte Hilbert-Funktion haben. Der Verlauf der Hilbert-Funktion 1 3 6 10 entspricht gerade $\binom{2+i}{i}$. Also haben wir zu zeigen, dass

$$I_1 = I_2 = I_3 = 0,$$

dabei reicht es zu zeigen, dass $I_3 = 0$ ist, da dann auch I_1, I_2 ebenfalls null sein müssen. Sei C also eine kubische Form, die durch alle 10 Punkte geht. Betrachte die Linearform L, welche durch die untere Reihe von 4 Punkten verläuft. Nun ist also $|C \cap L| > 3$ und damit folgt mit Bezouts Theorem, dass L ein Faktor von C zu sein hat.
Schreiben wir also C=QL für eine quadratische Form Q. Für dieses Q muss gelten, dass Q durch die verbleibenden 6 Punkte laufen muss. Gucken wir nun auf die zweitunterste Zeile aus 3 Punkten und sei L' eine Linearform, die durch diese 3 Punkte verläuft. Erneut ist $|Q \cap L'| > 2$. Also folgt aus Bezouts Theorem, dass Q über L' faktorisiert und somit müsste Q=L'L'' für eine weitere Linearform L'' sein. Diese müsste aber auf den verbliebenen drei Punkten verschwinden, im Widerspruch dazu, dass diese nicht auf einer Geraden liegen.
Es folgt: $I_3 = 0$ und damit $I_1 = I_2 = 0$.

Bestimmen wir als nächstes die Hilbert-Funktion von $\Gamma' = \{p_1, p_2, ..., p_n\} \subseteq \mathbb{P}^2$ und betrachten dafür zunächst einmal $\Gamma = \{p_1, p_2\}$. Gehen wir der Frage nach, ob ein quadratisches Polynom auf Γ verschwindet oder nicht.
Ein allgemeines quadratische Polynom hat die Form

$$f(x_0, x_1, x_2) = a_0 x_0^2 + a_1 x_0 x_1 + a_2 x_0 x_2 + a_3 x_1^2 + a_4 x_1 x_2 + a_5 x_2^2$$

Man stellt fest, dass für $\Gamma = \{(b_0 : b_1 : b_2), (c_0 : c_1 : c_2)\}$, ein quadratisches Polynom f genau dann im Verschwindungsideal $I(\Gamma)$ liegt, wenn $(a_0, a_1, a_2, a_3, a_4, a_5)$ Kern der Matrix

$$\Phi : \begin{bmatrix} b_0^2 & b_0 b_1 & b_0 b_2 & b_1^2 & b_1 b_2 & b_2^2 \\ c_0^2 & c_0 c_1 & c_0 c_2 & c_1^2 & c_1 c_2 & c_2^2 \end{bmatrix}$$

ist. Die Hilbert-Funktion für $\Gamma = \{p_1, ..., p_m\}$ zu bestimmen, läuft also darauf hinaus, den Rang einer Matrix $\Phi : R_i \to k^m$ zu bestimmen.

Wir sagen, dass eine Menge X aus n Punkten m Bedingungen auf Polynome von Grad i legt, falls der Rang von Φ m ist. Falls n = m, dann sprechen wir davon ,dass Φ unabhängige Bedingungen auferlegt werden.
Dies motiviert folgende alternative Definition der Hilbert-Funktion:

Definition 3.22. Sei $\Gamma = \{p_1, ..., p_m\} \subseteq \mathbb{P}^n$ eine Menge von m verschiedenen Punkten. Dann bezeichnet $HF(\Gamma, d)$ die Anzahl der Bedingungen, die von Γ auf Formen von Grad d gelegt werden.

Insbesondere nützlich ist hierbei:

Lemma 3.23. Eine Menge $\Gamma = \{p_1, ..., p_n\} \subset \mathbb{P}^r$ legt genau dann m Bedingungen auf Formen von Grad i, falls eine Teilmenge $Y \subset \Gamma$ existiert mit $|Y| = m$, so dass für alle $p \in Y$ ein Polyom f von Grad i gibt, dass auf Y-p identisch null ist, aber $f(p) \neq 0$ ist. Wir sagen, dass solche Punkte Y unterteilen.

Beispiel 3.24. Betrachten wir folgendes Ideal in R=k[x,y,z]

$$I = (y^2, xy, x^2)$$

Für $n \geq 2$ ist eine Basis für R/I_n gegeben durch

$$\{z^n, z^{n-1}y, z^{n-1}x, \}$$

Das HP wird also gerade 3 sein und es handelt sich in der Tat um eine null-dimensionale Varietät.
Dehomogenisieren wir I, um auf dem affinen Abschnitt $Z = 1$ zu arbeiten. Ein Polynom f(X,Y) wird genau dann in I sein, falls $f, \frac{\partial f}{\partial x}$ und $\frac{\partial f}{\partial y}$ in (0,0) verschwinden. Also legt I drei Bedingungen auf Polynome von Grad $n \geq 2$ und das Hilbertpolynom ist in der Tat gegeben durch $HP(R/I, i) = 3$.

Proposition 3.25. Sei $X = \{[a_{0i} : a_{1i} : ... : a_{ni}] | 1 \leq i \leq s\}$ eine Menge von s Punkten in $\mathbb{P}^n$ mit Hilbert-Funktion H. Dann hat

$$X = \{[a_{0i} : a_{1i} : ... : a_{ni} : 0] | 1 \leq i \leq s\}$$

als Menge von s Punkten in $\mathbb{P}^{n+1}$ ebenfalls Hilbert-Funktion H

Beweis. Betrachten wir $I(X')_j$. Eine Basis für $I(X')_j$ wird gebildet von $I(X)_j$ zusammen mit Monomen, in denen X_{n+1} mindestens einmal auftaucht. Zählen wir ab: Ein Monom von Grad j in n+2 Variablen zu wählen, in dem mindestens ein X_{n+1} auftaucht, ist das gleiche wie ein Monom von Grad j-1 in n+2 Variablen auszuwählen. Folglich gibt es $\binom{n+j+1}{j-1}$ solcher Monome und damit:

$$dim_k I'_j = dim_k I_j + \binom{n+j+1}{j-1}$$

Rechnen wir nach:

$$HF(R/I, j) = \binom{n+j}{n} - dim_k I_j$$

$$= \binom{n+j}{n} + \binom{n+j}{n+1} - dim_k I'_j$$

$$= \binom{n+j+1}{n+1} - dim_k I_j = HF(R'/I', j)'$$

$\square$

Die Hilbert-Funktion von Punktmengen ist also invariant bezüglich Einbettung in höher-dimensionale projektive Räume.

Beispiel 3.26. Sei $X = \{P_1, P_2, P_3, P_4\} \subset \mathbb{P}^n$ eine Menge von 4 Punkten in der projektiven Ebene. Wir wissen bereits, dass HP(X,i)=4 für groß genuge i gilt. Diskutieren wir separat die Fälle, in denen alle Punkte bis hin zu allen außer einem auf einer Linie liegen!

(1) Zunächst einmal betrachten wir den Fall, in dem alle Punkte aus X auf einer Geraden L liegen, die durch die Gleichung l = 0 definiert sei. Die Hilbert-Funktion sieht die Kollinearität und es ist:

$$HF(X, 1) = HF(\mathbb{P}^2, 1) - 1 = 2$$

Sei q = 0 die definierende Gleichung eines Kegelschnitts. Da bereits L vollständig auf den 4 Punkten verschwindet, verschwindet auch q identisch auf L. Also ist q die Vereinigung von L und einer weiteren Linie und die Menge von Kegelschnitten, die X überdeckt, ist der drei-dimensionale Raum von Vielfachen von l mit Linearformen. Dies liefert:

$$HF(X, 2) = HF(\mathbb{P}^2, 1) - 3 = 3$$

Auf Formen von Grad 3, die auf auf X verschwinden, werden unabhängige Bedingungen gelegt, also ist $\forall \nu \geq 3 : HF(X, \nu) = 4$. Um dies zu beweisen reicht es nach Lemma 3.23 aus, für jede dreielementige Teilmenge $Y \subset X$ eine Kurve von Grad 3 zu finden, welche auf Y verschwindet, aber nicht auf dem übrig gebliebenen Punkt. Dies wird aber zum Beispiel von einer Kurve erfüllt, die aus drei Gerade besteht, wovon jede durch einen der Punkte von Y geht und die andere weit entfernt von X liegt.

(2) Liegen nun alle außer einer der Punkte von X auf einer Geraden L. Jetzt gibt es keine Linearform in I(X), also ist $HF(X,1) = 3$. Jede quadratische Form, die die 3 Punkte auf L enthält, muss nach dem gleichen Argument wie in (1) auch L beinhalten. Jede quadratische Form, die auf ganz X verschwindet, ist also die Vereinigung von L mit einer Geraden durch den vierten Punkt. Der Raum von Linearformen, die gerade Geraden durch den vierten Punkt entsprechen, ist zwei-dimensional, also ist auch der Raum aller Quadratformen, die auf X verschwinden, zwei-dimensional. Es folgt: $HF(X,2) = 4$ und damit auch $HF(x,\nu) = 4$ für alle $\nu \geq 2$.

(3) Zum Abschluss betrachten wir den Fall, dass keine 3 Punkte aus X auf einer Geraden liegen. Zunächst einmal stellen wir fest, da X auf keiner Geraden liegt, dass $HF(X,1) = 3$ ist. Außerdem stellen wir wie in Fall (ii) fest, dass es quadratischen Formen (und damit auch Formen höheren Grads) gibt, die beliebige Teilmengen $Y \subset X$ enthalten. Diese können wir aber wie vorher als Vereinigung von Graden mit den gewünschten Eigenschaften konstruieren.

Wir fassen zusammen: Aus Perspektive des Hilbert-Polynoms lässt sich keine der drei Konfigurationen voneinander unterscheiden. Aus Sicht der Hilbert-Funktion lediglich die ersten beiden.

Gehen wir diesen Weg noch ein wenig weiter: Im Folgenden ist uns eine Menge von Punkten im Raum, samt Hilbert-Funktion gegeben. Das Ziel, das wir verfolgen, ist, herauszufinden, ob gewisse Teilmengen von Punkten im Raum auf gewissen geometrischen Strukturen liegen. Fragen wären etwa: Wie viele der Punkte liegen auf einer Gerade, Ebene oder einem Kegel ? Mit Fragen dieser Art beschäftigt sich eine Vielzahl an Forschung und ich werde im Folgenden bloß zwei mögliche Ansätze zur Beantwortung dieser Fragen vorstellen.
Beide Ansätze sind dabei mit dem Wachstumsverhalten der Hilbert-Funktion verworren, welches durch Arbeiten von Macaulay weitgehend klassifizert wurde.

4 Wachstumsverhalten der Hilbert-Funktion und geometrische Konsequenzen für Punktmengen

4.1 Theorem von Macaulay und O-Folgen

Beginnen wir mit ein paar Begriffen:

Definition 4.1. Eine nichtleere Menge M von Monomen $X_1^{a_1}....X_s^{a_s}$ heißt **monomiales Ordnungsideal**, falls für alle $m \in M$ mit Teiler m' gilt, dass $m' \in M$. Dies ist offensichtlich gleichbedeutend mit: falls $X_1^{a_1}....X_s^{a_s} \in M$ und für alle b_i gilt, dass $0 \leq b_i \leq a_i$, dann ist auch $X_1^{b_1}....X_s^{b_s} \in M$

Satz 4.2 (Theorem von Macaulay). Sei R eine G-Algebra mit homogenen Erzeugern $r_1, ..., r_s$ und sei $p : A = k[X_1, ..., X_s] \to R$ erneut die Surjektion, die durch $p : X_i \mapsto r_i$ gegeben ist. Es existiert ein monomiales Ordnungsideal M in $X_1...X_s$, so dass $p(m), m \in M$ eine k-Basis in R bilden.

Beweis. Sei Ω die Menge aller Monome in den Variablen $X_1, ..., X_s$. Definiere auf Ω folgende lineare Ordnung (es handelt sich um die "reverse lexicographic order"): Wenn $u = X_1^{a_1}...X_s^{a_s}$ und $v = X_1^{b_1}...X_s^{b_s}$, dann ist $u < v$, falls entweder (1) $\sum a_i < \sum b_i$ oder (2) $\sum a_i = \sum b_i$ und für ein $1 \leq j \leq s$ gilt $a_s = b_s, a_{s-1} = b_{s-1}, ...a_{j+1} = b_{j+1}$ und $a_j < b_j$. Bei $(\Omega, <)$ handelt es sich nun um eine geordnete Halbgruppe (bezüglich der Multiplikation als Verknüpfung). Insbesondere gilt also $\forall w \in \Omega$:

$$u < v \Rightarrow wu < wv \qquad (4.1)$$

Als nächstes definieren wir uns rekursiv die Folge $\alpha_1, \alpha_2...$ in Ω. Dazu sei $\alpha_1 = 1$ und α_{i+1} das kleinste Element (bezüglich unserer Ordnung) in Ω, so dass $p(\alpha_1), ..., p(\alpha_{i+1})$ k-linear unabhängig in R sind. Sollte ein solches α_{i+1} nicht existieren, bricht die Rekursionsvorschrift ab. Betrachte $M = \{\alpha_1, \alpha_2, ...\}$. Behauptung: Bei M handelt es sich um das gesuchte monomiale Ordnungsideal. Da $p(\alpha_1), p(\alpha_2), ...$ nach Konstruktion eine k-Basis für R sind, bleibt bloß noch zu zeigen, dass M ein monomiales Ordnungsideal ist. Angenommen, dies ist nicht der Fall: Dann gibt es $u, v \in \Omega$ mit $u \in M$, $v \mid u$ und $v \notin M$. Da $v \notin M$, lässt sich $p(v)$ schreiben als:

$$p(v) = \sum a_i p(\alpha_i) \qquad (4.2)$$

mit $\alpha_i \in \Omega$, $\alpha_i < v$, und $a_i \in k$. Setze $u = vw$. Multiplizert man Gleichung (4.2) mit P(w), so erhalten wir $p(u) = \sum a_i p(\alpha_i w)$. Da es sich um eine geordnete Halbgruppe handelt (Gleichung (4.1)) gilt $\alpha_i w < u = vw$ im Widerspruch zu $u \in M$. Es folgt die Behauptung.

$\square$

Bemerkung 4.3. Aus dem gerade bewiesenen Satz können wir folgendes Resultat ableiten: Habe man natürliche Zahlen $e_1, ..., e_s$ gegeben, dann ist eine Funktion $H : \mathbb{N} \to \mathbb{N}$ genau dann die Hilbert-Funktion einer G-Algebra, die von Elementen in Grad $e_1, ..., e_s$ erzeugt wird, wenn es ein monomiales Ordnungsideal M in den Variablen $Y_1, ..., Y_s$ gibt mit $degY_i = e_i$, so dass $H(n) = \#\{u \in M : deg(u) = n\}$, wobei $\#$ die Kardinalität bezeichne. Diese Charakterisierung der Hilbert-Funktion ist jedoch keine sehr befriedigende: so ist es nicht offensichtlich, ob das gesuchte Ordnungsideal M wirklich existiert. Falls jedoch alle $e_i = 1$ sind, gibt es eine explizitere Charakterisierung aller möglicher Hilbert-Funktionen:

Definition 4.4. Eine (un)endliche Folge $(k_0, k_1, ..)$ von natürlichen Zahlen heißt O-Folge, falls es ein monomiales Ordnungsideal M gibt in $X_1, ..., X_s$ mit $deg(X_i) = 1$, so dass $k_n = \#\{u \in M : deg(u) = n\}$.

Definition 4.5 (und Proposition). Seien i, h $\in \mathbb{N}$. Die i-binomial expansion von h ist der eindeutige Ausdruck:

$$h_i = \binom{m_i}{i} + \binom{m_{i-1}}{i-1} + \ldots + \binom{m_j}{j}$$

mit $m_i > m_{i-1} > \ldots > m_j > j \geq 1$

Desweiteren definieren wir eine Famillie von Funktionen $^{<i>} : \mathbb{Z} \to \mathbb{Z}$ durch

$$h^{<i>} = \binom{m_i + 1}{i + 1} + \binom{m_{i-1} + 1}{i} + \ldots + \binom{m_j + 1}{j + 1}$$

Beispiel 4.6. Die 4-binomial expansion von 85 ist:

$$85 = \binom{8}{4} + \binom{5}{3} + \binom{3}{2} + \binom{2}{1}$$

und

$$85^4 = \binom{9}{5} + \binom{6}{4} + \binom{4}{3} + \binom{3}{2} = 148$$

Bemerkung 4.7. Eine nützliche Vorstellung über $h^{<i>}$ ist die folgende: Schreibe zunächst das Pascalsche Dreieck in rechteckiger Form:

$$
\begin{array}{cccccc}
1 & 1 & 1 & 1 & 1 & \ldots \\
1 & 2 & 3 & 4 & 5 & \ldots \\
1 & 3 & 6 & 10 & 15 & \ldots \\
1 & 4 & 10 & 20 & 35 & \ldots \\
1 & 5 & 15 & 35 & 70 & \ldots \\
\end{array}
$$

$$\vdots$$

Seien die Reihen und Spalten jetzt durchnummeriert, beginnend mit der 0. Der Eintrag in der i-ten Reihe und j-ten Spalte ist $\binom{i+j}{j}$. Der Term $\binom{m_i}{i}$ in der i-biomial expansion von h ist nun der größte Eintrag in der i-ten Spalte, der h nicht übersteigt. Schreibe $h = \binom{m_i}{i} + r$ mit $r \geq 0$. Fall r = 0, dann sind wir fertig. Falls nicht, wiederholen wir den Prozess mit r und der i-1-ten Spalte. Durch Wiederholen dieses Algorithmus bestimmen wir die i-binomial expansion von h.

Die Terme der i-binomial expansion von h tauchen nun in den aufeinanderfolgenden Spalten i,i-1,...,j mit $i \geq j \geq 1$. Wählen wir ein l zwischen $j \leq l < 1$, und liegt der l bzw. l+1 Term in den Reihen r_l bzw r_{l+1}, dann ist $r_l \leq r_{l+1}$. Verschieben wir nun jeden Term nach rechts und summieren auf, dann erhalten wir h^i. Zum Beispiel ist die 3-binomial expansion von 18:

$$18_3 = 10 + 6 + 2$$

und damit ist

$$18^{<3>} = 15 + 10 + 3$$

Satz 4.8. Sei $H : \mathbb{N} \to \mathbb{N}$ eine Funktion und k ein Körper. Dann sind äquivalent:
(i) Es existiert eine standard G-Algebra R mit $R_0 = k$ und Hilbert-Funktion H
(ii) (H(0), H(1),...) sind O-Folge
(iii) H(0)=1 und für alle $n \geq 1 : H(n+1) \leq H(n)^{<n>}$
(iv) Sei $s = H(1)$ und für alle $n \geq 0$ sei M_n die ersten (in oben definierter reverse lex order) H(n) Monome von Grad n in $X_1, ..., X_s$. Definiere $M := \cup_{n \geq 0} M_n$. Dann ist M ein monomiales Ordnungsideal.

Beweis. Siehe etwa [4, Thm 2.2] □

Beispiel 4.9. Wenden wir den Satz an:

i Handelt es sich bei (1,3,4,5,7) um eine O-Folge?
Um Bedingung (iv) zu verwenden, schreibe $x = X_1, y = X_2, z = X_3$. Es sind

$$M_0 = \{1\}, M_1 = \{x, y, z\}, M_2 = \{x^2, xy, y^2, xz\}, M_3 = \{x^3, x^2y, xy^2, y^3, x^2z\},$$
$$M_4 = \{x^4, x^3y, x^2y^2, xy^3, y^4, x^3z, x^2yz\}.$$

Nun gilt jedoch $xyz \mid x^2yz$, aber $xyz \notin M_3$. Folglich ist (1,3,4,5,7) keine O-Folge und keine standard G-Algebra hat eine Hilbert-Funktion HF mit HF(3)=5 und HF(4)=7

ii Verwenden wir Bedingung (ii) und schauen ob, es Hilbert-Funktionen gibt, die mit (1,3,5,9,15). Es ist $3_1 = \binom{3}{1}$, also $3_1^1 = 6$ und $5 \leq 6$. Es ist $5_2 = \binom{3}{2} + \binom{2}{1}$ und somit $9 > 5_2^2 = 7$. Es gibt also keine solche Hilbert-Funktion.

Insbesondere klassifizert der Satz also das mögliche Wachstum einer Hilbert-Funktion. Für reduzierte standard G-Algebras haben O-Folgen dabei eine besondere Gestalt; auch ihre Differenzfunktion ist eine O-Folge.

Definition 4.10. Für eine Hilbert-Funktion HF(A,i) einer G-Algebra A sei die erste Differenzfunktion ΔH definiert durch:

$$\Delta H(A, i) := HF(A, i) - H(A, i-1); falls\ i > 0$$

$$\Delta H(A, 0) := 1$$

Beispiel 4.11. Für $R = k[X_0, ..., X_n]$ ist:

$$\Delta H(R, i) = HF(R, i) - HF(R, i-1) = \binom{n+i}{i} - \binom{n+i-1}{i-1} = \binom{n+i-1}{i}$$

Lemma 4.12. Sei $I \subseteq k[X_0, ..., X_r]$ das Verschwindungsideal einer Varietät von Dimension 0. Dann gilt

$$\sum_{i=0}^{\infty} \Delta H(R/I, i) = HP(R/I, t)$$

Es ist also $\sum_{i=0}^{\infty} \Delta H(R/I, i)$ die Menge der Punkte in V(I).

Bemerkung 4.13. Ein linearen Nicht-Nullteiler $f : A \to fA$, wie er nach Lemma 3.6 in reduzierten Algebren existiert, schicken Elemente von Grad t auf Elemente von Grad t+1, also ist $dim_k(fA)_i = dim_k(A_{i-1})$ und es gilt:

$$dim_k(A/fA)_i = dim_k(A_i) - dim_k(A_{i-1}) = HF(A,i) - HF(A,i-1) = \Delta H(A,i)$$

Wenn A eine reduzierte standard G-Algebra war, dann ist jedoch auch A/fA eine standard G-Algebra. Damit ist nicht nur die Folge $\{HF(A,i)\}_{i\geq 0}$ eine O-Folge, sondern auch $\{\Delta H(i)\}_{i\geq 0}$.
Es folgt:

Proposition 4.14. Falls HF die Hilbertfunktion einer reduzierten standard graduierten k-Algebra ist, dann ist nicht nur HF eine O-Folge, sondern auch ΔH
Dabei gilt:

Proposition 4.15. Falls ΔH eine O-Folge ist, dann auch H.

Beweis. ΔH ist eine O-Folge, also ist ΔH die Hilbert-Funktion einer standard graduierten k-Algebra $S = \oplus_{i\geq 0} S_i$ mit $S_0 = k$. Dann hat S[x] jedoch Hilbert-Funktion H, da

$$S[X]_i = S_i \oplus S_{i-1}x \oplus ... \oplus S_0 x^i$$

von Dimension $\Delta H(i) + \Delta H(i-1) + ... + \Delta H(0) = H(i)$. Da mit S auch S[X] eine standard graduierte k-Algebra ist, folgt mit Macaulays Theorem, dass H eine O-Folge ist. $\qquad\square$

Kommen wir zurück zum maximalen Wachstum, wie es Macaulays Theorem impliziert.

Beispiel 4.16. Sei $R = k[X_0, ..., X_s]$ und sei W ein Unterraum von R_d von Codimension b_d. Für J=I(W) ist $HF(R/J,d)=b_d$ und es folgt mit Macaulays Theorem, dass

$$HF(R/J, d+1) = b_{d+1} \leq b_d^{<d>}$$

Also gilt

$$dim_k(J_{d+1}) = dim_k(R_1 J_d) \geq \binom{d+s+1}{s} - b_d^{<d>}$$

W wächst also am wenigsten, wenn $dim_k(J_{d+1}) = \binom{d+s+1}{s} - b_d^{<d>}$.
Hier kommt Gotzmanns Persistance Theorem ins Spiel:

Satz 4.17 (Gotzmann). Sei I erzeugt in Grad i und $H(i+1) = H(i)^{<i>}$. Dann gilt für alle j≥1

$$H(i+j) = \binom{m_i + j}{i + j} + \binom{m_{i-1} + j - 1}{i + j - 1} + ... + \binom{m_k + j}{k + j}$$

Oder, anders formuliert: Das Hilbert-Polynom von R/I ist

$$HP(R/I, x) = \binom{m_i + x - i}{x} + \binom{m_{i-1} + x - i}{x - 1} + ... + \binom{m_k + x - i}{x - i + k}$$

$$= \binom{x + m_i - i}{m_i - i} + \binom{x + m_{-1} - i}{m_{i-1} - (i-1)} + \dots + \binom{x + m_k - i}{m_k - k}$$

wobei $m_i - i \geq m_{i-1} - (i-1) \geq \dots \geq m_k - k \geq 0$

Die Bedingung $H(i+1) = H(i)^{<i>}$ bedeutet, dass R/I so schnell, also I so langsam wie möglich wächst. Falls als ein Ideal, das in Grad i erzeugt ist, einmal dieses langsamste Wachstum erreicht hat, bleibt es also auch in Zukunft langsamst wachsend.

4.2 Zurück zu nulldimensionalen Varietäten: Ansatz I

Am Ende des Kapitels über nulldimensionale Varietäten habe ich das Ziel angekündigt, Teilmengen der Varietät zugrunde liegende Strukturen erkennen zu können. Kommen wir also zurück zur Untersuchung von Punktmengen. Eine Idee, die wir hierbei verfolgen ist, unsere Verschwindungsideale in verschiedene Teile aufzuteilen. Der erste hier vorgestellte Ansatz geht zurück auf Gerarnita, Paiaroscia und L.G. Roberts und arbeitet mit differenzierbaren O-Folgen.

Definieren wir zunächst den Begriff der differenzierbaren O-Folge:

Definition 4.18. Eine O-Folge H heißt **differenzierbar**, wenn nicht nur H, sondern auch ΔH eine O-Folge ist.

Sei nun S $= \{b_i\}_{i \geq 0}$ eine differenzierbare O-Folge mit $b_1 = n+1 \geq 2$. Aus S konstruieren wir zwei neue differenzierbare O-Folgen S_1 und S_1'. Zunächst einmal sei $d_i = \binom{n+i-1}{i}$ für $i \geq 0$. (dies ist die Hilbert-Funktion eines Polynomrings in n Variablen) $c_i = b_{i+1} - d_{i+1}$. Falls $\forall i \geq 0 : c_i \leq c_{i+1}$, dann setzen wir $S_1 = \{c_i\}_{i \geq 0}$. Falls es ein $h \in \mathbb{N}$ gibt mit $c_{h-1} > c_h$, dann setzen wir S_1 als die Folge $c_0, c_1, \dots, c_{h-1}, c_{h-1}, \dots$(usf) für das kleinste h mit dieser Eigenschaft. S_1' definieren wir nun als

$$S_1' = \begin{cases} d_i & ; i \leq h \\ b_i - c_{h-1} & ; i \geq h \end{cases}$$

(für i = h stimmen beide überein.) Für den Beweis, dass es sich um differenzierbare O-Folgen handelt, verweise ich auf [1, Thm 3.2].

Bemerkung 4.19. $\{b_i\}_{i \geq 0}$ ist eine differenzierbare O-Folge, also gerade die Hilbert-Funktion einer reduzierten standard G-Algebra R/I. Für die Hilbertfunktion von (R/I) mit $R = k[X_0, \dots, X_n]$ gilt bekanntlich:

$$HF(R/I, 1) = HF(R, 1) - HF(I, 1) = n + 1 - HF(I, 1)$$

Die Bedingung $b_1 = n + 1$ heißt also so viel wie, dass keine Linearform auf der durch I beschriebenen Varietät verschwindet.

Wir wissen bereits, dass eine Folge $\{b_i\}_{i \geq 0}$ genau dann die Hilbert-Funktion einer standard G-Algebra ist, wenn $\{b_i\}_{i \geq 0}$ eine O-Folge ist. Für das Untersuchen projektiver Varietäten interessant ist der nächste Satz, der die Existenz eines korrespondierenden radikalen Ideals in $k[X_0, \dots, X_n]$ beweist!

Satz 4.20. Sei $S = \{b_i\}_{i \geq 0}$ eine differenzierbare O-Folge und gelte $b_1 = n + 1$. Dann gibt es ein radikales Ideal I in $k[X_0, ..., X_n]$, so dass S die Hilbert-Funktion von $k[X_0, ..., X_n]/I$ ist.

Beweis. Für Details des Beweises verweise ich auf [1, Thm 3.3], ich werde ihn hier lediglich skizzieren.

Der Beweis wird geführt per lexikographischer Induktion. Dazu ordnen wir wie folgt jeder differenzierbare O-Folge ein Element $(a, b) \in \mathbb{N} \times \mathbb{N}$ zu, wobei $a \geq 2$, $b \geq 1$. Der O-Folge $T = \{t_i\}_{i \geq 0}$, mit $t_i = \binom{t_1 + i - 1}{i}$, also der Hilbert-Funktion eines Polynomrings in t_1 Variablen, ordnen wir das Element $(t_1 + 1, 1)$. Eine solche O-Folge nennen wir generisch. Falls $T = \{t_i\}_{i \geq 0}$ nicht generisch ist, ordnen wir T das Element $(a,b)=(a(T),b(T))$ zu, wobei $a = t_1$ ist und b die kleinste ganze Zahl, so dass $t_b < \binom{t_1 + b - 1}{b}$..

Wir wissen bereits, dass das Theorem wahr ist für jedes S, welchem (a,1) $a \geq 1$ zugeordnet ist (jene S sind generisch).

Außerdem wissen wir, dass für jedes S, welchem (2,l) für $l \geq 2$ zugeordnet ist, das Theorem stimmt (Dies ist die Hilbert-Funktion von l Punkten auf einer Linie). Sei also nun $S = \{b_i\}_{i \geq 0}$ eine nicht generische differenzierbare O-Folge und seien S_1 und S_1' wie oben konstruiert. Es folgt direkt aus der Konstruktion, dass $a(S_1') = a(S) - 1$ und entweder $a(S_1) < a(S)$ oder $a(S_1) = a(S)$ und $b(S_1) = b(S) - 1$ gilt.

Also ist $(a(S_1'), b(S_1')) < (a(S), b(S))$ und $(a(S_1), b(S_1)) < a(S), b(S))$ (in lexikographischer Ordnung). Nach Induktionsvoraussetzung existiert also eine Untervarietät X von $\mathbb{P}^{k - k}$ mit Hilbert-Funktion S_1. Sei nun H eine Hyperebene, welche keine irreduziblen Komponenten von X beinhaltet (eine solche existiert, da k als unendlich vorausgesetzt wurde) und sei V eine Untervarietät von H mit Hilbert-Funktion S_1'. Es bleibt zu zeigen, dass $H \cup V$ Hilbert-Funktion S hat, bevor die Behauptung folgt.

$\square$

Der Satz und sein Beweis zeigen eine Möglichkeit Varietäten mit O-Folge S zu unterteilen in zwei kleinere Varietäten mit O-Folgen S_1 und S_1'. Nun ist auch S_1 wieder eine O-Folge und wir können unseren Ansatz iterieren!

Beispiel 4.21. Sei S eine differenzierbare O-Folge einer null-dimensionalen Varietät.

$$S : \quad 1 \quad 3 \quad 6 \quad 9 \quad 11 \quad 13 \quad 14 \quad 15 \quad usf$$

Dann ist h = 8 und :

$$S_1 : \quad 1 \quad 3 \quad 5 \quad 6 \quad 7 \quad 7 \quad 7 \quad 7 \quad usf$$
$$S_1' : \quad 1 \quad 2 \quad 3 \quad 4 \quad 5 \quad 6 \quad 7 \quad 8 \quad usf$$

Also liefert uns die Konstruktion ein $X \in \mathbb{P}^n$ mit Hilbert-Funktion S. Diese besteht aus 8 Punkten auf einer Gerade L_1, welche nicht durch die übrigbleibenen 7 Punkte geht. Diese 7 Punkte haben Hilbert-Funktion S_1. Iterieren wir und suchen wir S_2, S_2' von S_1:

$$S_2 : \quad 1 \quad 2 \quad 2 \quad 2 \qquad usf$$
$$S_1' : \quad 1 \quad 2 \quad 3 \quad 4 \quad 5 \quad 5 \quad usf$$

Also liegen weitere 5 Punkte auf einer einer Gerade. Erneutes Iterieren zeigt, dass 2 Punkte auf einer weiteren Gerade liegen.

4.3 Ansatz II

Der zweite Ansatz arbeitet nicht mit einer Unterteilung der zugehörigen O-Folge, sondern mit der Existenz von größten gemeinsamen Teiler in graduierten Stücken des Verschwindungsideal einer Varietät. Hierzu untersuchen wir erst einmal, in welchen Fällen ein GGT in I_d existiert und gehen danach auf die geometrischen Interpretationen dieser Existenz ein.

Definition 4.22. Sei $k[X_0, ..., X_s]_j$ das j-Stück des graduierten Rings und sei $g \in k[X_0, ..., X_s]_j$ ein homogenes Polynom. Dann sei für $d \geq j$ $f_{s,j}(d)$ definiert als

$$HF(k[X_0, ..., X_s]/(g), d) = \binom{d+s}{s} - \binom{d-j+s}{s} =: f_{s,j}(d)$$

Für ein homogenes Ideal $I \subseteq R = k[X_0, ..., X_s]$ mit $I_d \neq 0$ sei der **potentielle GGT-Grad von** I_d definiert als

$$sup\{j | f_{s,j}(d) \leq HF(R/I, d)\}$$

Beispiel 4.23. Sei $X = \{p_1, ..., p_{24}\} \subset \mathbb{P}^n$ eine Menge von 24 Punkten. Es ist

$$f_{2,j} = dj + \frac{3j - j^2}{2}$$

Bemerkung 4.24. Für $k_1 < k_2 \leq x$ ist $f_{r,k_1}(x) < f_{r,k_2}(x)$. Insbesondere ist $f_{r,k}(x) > 0$.

Lemma 4.25. Sei $d \geq j > 0$. Dann ist

$$f_{s,j}(d) = \binom{d+s}{d} - \binom{d-j+s}{d-j}$$

$$= \binom{d+s-1}{d} + \binom{d+s-2}{d-1} + ... + \binom{d+s-j}{d-j+1}$$

$$= \binom{d+s-1}{s-1} + \binom{d+s-2}{s-1} + ... + \binom{d+s-j}{s-1}$$

Beweis. Sei $A = \binom{d+s}{d}$, $B = \binom{d-j+s}{d-j}$ und $C_i = \binom{d+s-i}{d-i+1}$. Nun ist $A - C_1 = \binom{d+s-1}{d-1}$, $A - C_1 - C_2 = \binom{d+s-2}{d-2}$, etc. Iterieren liefert: $B = A - C_1 - ... - C_k$ und damit die erste Zeile des Lemmas. Die zweite folgt aus der Symmetrie des Binomialkoeffizienten. $\square$

Der kommende Satz zeigt, dass die Existenz eines GGT tief verwachsen ist mit dem maximalen Wachstum, wie es Macaulays Theorem impliziert.

Satz 4.26. Sei $I \subseteq R = k[X_0, ..., X_s]$ ein homogenes Ideal mit $I_d \neq 0$ und sei $0 < j$ der potentielle GGT Grad von I_d. Falls R/I maximales Wachstum in Grad d hat, dann haben I_d und I_{d+1} einen größten gemeinsamen Teiler von Grad j.

Beweis. Nach Lemma 4.25 wissen wir, dass die ersten j Terme von $f_{s,j}(d)$ und $f_{s,j+1}(d)$ gleich sind. Da

$$f_{s,j}(d) \leq HF(R/I, d) < f_{s,j+1}(d)$$

ist

$$HF(R/I, d) = \binom{d+s-1}{d} + \binom{d+s-2}{d-1} + ... + \binom{d+s-j}{d-j+1} + \binom{c}{d-k} + (niedrigere\ Terme)$$

Hierbei ist $c < d+s-(j+1)$, da $HF(R/I, d) < \binom{d+s}{s} - \binom{d-(j+1)+s}{s}$ (erneut nach Lemma 4.25). Also

$$\binom{d+s-1}{s-1} + \binom{d+s-2}{s-1} + ... + \binom{d+s-j}{s-1} + (Terme\ \binom{c}{i})\ mit\ i < r-1)$$

Da jedoch maximales Wachstum in Grad d vorliegt, impliziert Gotzmanns Theorem, dass das Hilbert-Polynom von $R/I_{\leq d}$ Grad s-1 und Leitkoeffizienten $\frac{k}{(r-1)!}$ hat, also gerade das Hilbert Polynom einer Hyperebene von Grad j ist. Minimales Wachstum beim Übergang von I_d nach I_{d+1} bedeutet nun, dass I_{d+1} von I_d erzeugt wird, also kann es keine neuen minimalen Erzeuger von I in Grad d+1 geben. Es folgt, dass auch I_{d+1} einen GGT hat und damit die Behauptung.

$\square$

Bemerkung 4.27. Dass I_d einen GGT g hat, impliziert nicht $V(I) \subseteq V(g)$. Viel eher ermöglicht es V(I) in zwei Abschnitte aufzuteilen: einmal denjenigen, der in V(g) liegt und einmal denjenigen außerhalb von V(g).
Zum Verständnis der Varietät Z bietet sich also an Ideale $I_{Z_1} = (I, f)$ und $I_{Z_2} = (I : f)$ zu untersuchen!

Lemma 4.28. Sei $I(Z) \subset R = k[X_0, ..., X_{s+1}]$ das saturierte Ideal von einer projektiven Varietät Z und habe $I(Z)_d$ einen GGT F von Grad k. Sei Z_1 definiert durch $I(Z_1) = [I(Z) + (F)]^{sat}$ und Z_2 die Untervarietät definiert durch [I(Z):F]. Dann gilt
 (a) Für alle $i \leq d$ ist $[I(Z) + (F)]_i = (F)_i$
 (b) $[I(Z) : F] = I(Z_2)$

Beweis. Siehe [5, Proposition 2.3]
$\square$

Satz 4.29. Seien die Voraussetzungen die gleichen wie im Lemma. Dann ist für $t \leq d$:

$$HF(Z_2, t-k) = HF(Z, t) - f_{r+1,k}(t)$$

Beweis. Betrachte die exakte Sequenz

$$0 \longrightarrow [I(Z) : F](-k) \xrightarrow{\cdot F} I(Z) \longrightarrow [I(Z) + (F)]/(F) \longrightarrow 0$$

wobei die zweite Abbildung surjektiv ist, da

$$[I(Z) + (F)]/(F) \cong I(Z)/[(F) \cap I(Z)]$$

Nach dem Lemma 4.28 (b) ist $[I(Z) : F] = I(Z_2)$, also bekommen wir

$$0 \longrightarrow I(Z_2)(-k) \xrightarrow{\cdot F} I(Z) \longrightarrow [I(Z) + (F)]/(F) \longrightarrow 0$$

wobei der letzte Term nach Lemma (a) 0 ist im Grad $\leq d$, also

$$dim_K(I(Z_2))_{t-k} = dim_K(I(Z))_t$$

für alle $t \leq d$. Dies lässt sich umschreiben zu

$$HF(Z_2, t-k) = \binom{t-k+r+1}{t-k} - dim(I(Z_2))_{t-k}$$

$$= \binom{t+r+1}{t} - dim(I(Z), t)_t + \binom{t-k+r+1}{t-k} - \binom{t+r+1}{t}$$

$$= H(Z,t) - [\binom{t+r+1}{t} - \binom{t-k+r+1}{t-k}]$$

$$= H(Z,t) - f_{r+1,k}(t)$$

für $t \leq d$ wie behauptet. $\qquad\square$

Beispiel 4.30. Sei $X \subset \mathbb{P}^n$ eine Menge von 13 Punkten mit Hilbert-funktion und ihrer ersten Differenz:

$$
\begin{array}{lccccc}
HF & 1 & 4 & 8 & 13 & 13 & usf \\
\Delta HF & 1 & 3 & 4 & 5 & 0 & usf
\end{array}
$$

Der potentielle GGT-Grad von $(I_Z)_2$ ist 1. Es ist

$$8_2 = \binom{4}{2} + \binom{2}{1}$$

$$8_2^{<2>} = \binom{5}{3} + \binom{3}{2} = 13,$$

also liegt maximales Wachstum in Grad 2 vor. Nach Satz 4.26 haben $(I_X)_2$, $(I_X)_3$ somit einen GGT F von Grad 1.

Sei nun $X_1 \subset X$ die Teilmenge auf dieser Ebene, definiert durch $I_{X_1} = (I, F)$ und $X_2 \subset X$ die Teilmenge außerhalb dieser Ebene, definiert durch $I_{X_2} = [I : F]$. Berechnen wir die Hilbert-Funktion von X_2!

Nach Satz 4.29 wissen wir (nach Anwenden von Δ für d = 3):

$$\Delta HF(X_2, t - k) = HF(X, t) - f_{3,1}(t)$$

Wir stellen fest:

$$
\begin{array}{rcccc}
t : & 0 & 1 & 2 & 3 \\
\Delta HF(X,t) : & 1 & 3 & 4 & 5 \\
\Delta f_{3,1}(t) : & 1 & 2 & 3 & 4 \\
\Delta H(X_2, -) : & 0 & 1 & 1 & 1
\end{array}
$$

Außerhalb der Ebene liegen mit Lemma 4.12 3 Punkte in X_2. X_1 besteht 9 Punkten auf einer Ebene.

Zum Abschluss noch folgendes Theorem und eine Anwendung:

Satz 4.31. Sei $I \subseteq k[X_0, ..., X_{r+1}]$ ein saturiertes Ideal und habe I_d einen GGT F von Grad j und sei $\Delta HF(R/I, d) = f_{r,j}(d)$. Für

$$I_{X_1} = (I, F) \; und \; I_{X_2} = [I : F]$$

gilt

$$
\begin{array}{rcll}
\Delta HF(R/I_{X_1}, i) & = & f_{r,j}(i) & falls \; i \leq d \\
\Delta HF(R/I_{X_1}, i) & = & \Delta HF(R/I_X, i) & falls \; i > d \\
\Delta HF(R/I_{X_2}, i - j) & = & \Delta HF(R/I_X, i) - f_{r,j}(i) & falls \; i \leq d \\
\Delta HF(R/I_{X_2}, i - j) & = & 0 & falls \; i > d
\end{array}
$$

Beispiel 4.32. Sei $X = \{P_1, ..., P_{24}\} \subset \mathbb{P}^2$ mit folgender Hilbert-Funktion:

$$\begin{pmatrix} i : 0 & 1 & 2 & 3 & 4 & 5 & 6 & 7 & 8 & 9 & 10 & 11 & 12 \\ HF_X : 1 & 3 & 6 & 10 & 13 & 15 & 17 & 19 & 21 & 23 & 24 & 24 \end{pmatrix}$$

Für diese 24 Punkte haben wir:

$$f_{2,j}(d) = dj + \frac{3j - j^2}{2}$$

Wir stellen durch Auflösen von

$$f_{2,j}(8) = 8j + \frac{3j - j^2}{2} \leq HF(R/I, 8) = 21$$

fest, dass j=2 der potentielle GGT-Grad von I_8 ist.
Außerdem ist

$$21_8 = \binom{9}{8} + \binom{8}{7} + \binom{6}{6} + \binom{5}{5} + \binom{4}{4} + \binom{3}{3}$$

und damit

$$21_8^{<8>} = 23$$

und es liegt nach Macaulays Theorem maximales Wachstum in Grad 8 vor. Nun wissen wir nach Satz ..., dass I_d einen GGT C von Grad zwei hat. Es ist

$$f_{1,2}(8) = 2 = \Delta H(R/I, 8)$$

und das Theorem impliziert, dass für die Teilmenge $Z_1 = (I, C)$ von Punkten auf der konischen Form gilt:

$$\begin{pmatrix} i : & 0 & 1 & 2 & 3 & 4 & 5 & 6 & 7 & 8 & 9 & 10 \\ HF_{Z_1} : & 1 & 2 & 2 & 2 & 2 & 2 & 2 & 2 & 2 & 2 & 1 \end{pmatrix}$$

Es folgt also mit Lemma 4.12 , dass 20 der 24 Punkte auf einem Kegel liegen !

5 Literaturverzeichnis, Quellen

1 A.V. Gerarnita, PAIaroscia and L.G. Roberts. The Hilbert Function of a Reduced k-Algebra, J. London. Math. Soc. (2)? 28 (1983): 443-452.

2 D. Eisenbud, Commutative algebra with a view toward algebraic geometry, Graduate Texts in Mathematics 150, Springer, New York, 1995.

3 M. F. Atiyah and I. G. Macdonald, Introduction to commutative algebra, Addison-Wesley, Reading, MA, 1969.

4 Stanley, Richard (1978), "Hilbert functions of graded algebras", Advances in Math. 28 (1)

5 Anna Bigatti, Geramita, Migliore, 1994 GEOMETRIC CONSEQUENCES OF EXTREMAL BEHAVIOR IN A THEOREM OF MACAULAY, in Transactions of the american mathematical society, Volume 346, Number 1

6 Hal Schenk, Computational Algebraic Geometry, Mathematics Department Texas A&M University

7 Tom Marley, Graded Rings and Modules, Mathematics Department University of Nebraska-Lincoln

8 Andreas Gathmann, Algebraic Geometry (SS 2014), Technische Universität Kaiserslautern